Bibliografische Information der Deutschen Nationalbibliothek:

Die Deutsche Bibliothek verzeichnet diese Publikation in der Deutschen Nationalbibliografie; detaillierte bibliografische Daten sind im Internet über http://dnb.d-nb.de/ abrufbar.

Impressum:

Druck und Bindung: Books on Demand GmbH, Norderstedt Germany
ISBN: 9783668582972

Dieses Buch bei GRIN:

http://www.grin.com/de/e-book/379648/potenzial-und-grenzen-im-entwicklungslaendertourismus-entstehung-und-entwicklung

Eva Lill

Potenzial und Grenzen im Entwicklungsländertourismus. Entstehung und Entwicklung endogener Raumentwicklung

GRIN Verlag

Katholische Universität Eichstätt-Ingolstadt
WS 2016/17

Seminararbeit:

Konzepte zur endogenen Raumentwicklung

Abgabedatum: 31.01.2017

I Inhaltsverzeichnis

II Abbildungsverzeichnis

1 EINLEITUNG

Die Schaffung gleichwertiger Lebens- und Arbeitsverhältnisse in allen deutschen Landesteilen – egal ob Stadt oder Land, egal ob Ost oder West – ist das primäre Ziel der deutschen Bundesraumordnung und sogar in unserem Grundgesetz verankert (vgl. BATHELT u. GLÜCKLER 2012: 87).

Doch von diesem Ziel ist die Bundesrepublik noch weit entfernt. Ob ehemalige deutsche Industriegebiete, die dem internationalen Wettbewerbsdruck nicht mehr standhalten können, oder landwirtschaftlich geprägte Regionen mit ungünstigen Standortfaktoren – landesweit existieren sog. periphere Räume. Diese meist ländlich geprägten Regionen[1] haben verschiedene Entstehungshintergründe und sind in den meisten Fällen von Abwanderung geprägt (vgl. STREIFFELER 1997: 304). Primär sind es die jungen Leute, die die peripheren Räume wegen fehlender zukünftiger Perspektiven und Anreize verlassen. Ihr Wegzug ist in mehrfacher Hinsicht problematisch. Zum Einen bewirkt eine fortschreitende Entleerung den Abbau von Versorgungs- und Infrastruktureinrichtungen, was auch die Lebensbedingungen der ansässigen Bevölkerung verschlechtert (vgl. MAYER et al. 2008: 143). Auf der anderen Seite konzentriert sich die Bevölkerung in den verhältnismäßig wenigen deutschen Kernzentren, was sich dort in einer verstärkten Verkehrsproblematik und fehlendem bezahlbaren Wohnraum niederschlägt. Auch der demographische Wandel sowie die ausdifferenzierte wirtschaftliche Entwicklung in Deutschland beeinflussen diese Zentrum-Peripherie Gegensätze (vgl. BMVI 2006: 3).

Ob lokal, regional, national oder global – räumliche Disparitäten gibt es auf allen Maßstabsebenen. Sie sind das Ergebnis sozialer Disparitäten und äußern sich in ungleichen Lebensbedingungen bzw. Standortvoraussetzungen der verschiedenen Regionen unserer Erde (vgl. NEUMAIR u. HAAS 2015: 61). Da sie sich auf die Lebensqualität und Lebenschancen der Bevölkerung auswirken, haben sie auch eine gesellschaftliche Relevanz (vgl. BATHELT u. GLÜCKLER 2012: 84).

Wie bereits zu Beginn erwähnt ist es das vorrangige Ziel der deutschen Raumordnung diese gegenläufigen Entwicklungen zu begrenzen. Da der Entwicklungsbegriff lange Zeit mit wirtschaftlichem Wachstum gleichgesetzt wurde, versuchte die deutsche Raumpolitik noch bis in die 1980er Jahre durch Kapitalverschiebungen, z.B. in Form von Unternehmensansiedlungen, periphere Räume zu entwickeln. Erst mit der voranschreitenden Nachhaltigkeitsdebatte wurde die kapitalistische Wachs-

[1] Die Begriffe Raum und Region werden in der vorliegenden Arbeit gleichwertig verwendet.

tumstheorie mit einem Gegenmodell konfrontiert. Denn abgesehen vom bloßen quantitativen Wachstum muss eine nachhaltige Regionalentwicklung auch soziale, ökologische und politische Dimensionen beinhalten (vgl. VORLAUFER 1996: 2). Diese neue Orientierung fand insbesondere in der Entwicklungsländerforschung und den dort untersuchten Auswirkungen des Tourismus Anklang. Doch auch in der deutschen Raumpolitik setzt man seitdem verstärkt auf regional orientierte Entwicklungskonzepte, die sich auf die vorhandenen eigenen Potentiale konzentrieren und dabei alle gesellschaftlichen Ebenen miteinschließen. So entstand die Idee der endogenen Raumentwicklung, die anders als die top-down-Variante nicht auf exogene Entwicklungsimpulse sondern im Sinne einer bottom-up-Planung auf die in der Region vorhandenen Produktionsfaktoren setzt.

Nach einem kurzen Überblick zu der Entstehung des endogenen Entwicklungskonzeptes in Deutschland, wird sich diese Arbeit mit den verschiedenen Merkmalen der endogenen Raumentwicklung beschäftigen. Anschließend wird zur Veranschaulichung dargestellt, welches Potential sie im Entwicklungsländertourismus hat und wie sie dort umgesetzt werden kann. Dabei werden auch Grenzen des Konzeptes deutlich, zu denen im Fazit der Arbeit abschließend kritisch Stellung genommen wird.

2 HAUPTTEIL

> *„Im Gesamtraum der Bundesrepublik Deutschland und in seinen Teilräumen sind ausgeglichene soziale, infrastrukturelle, wirtschaftliche, ökologische und kulturelle Verhältnisse anzustreben. Dabei ist die nachhaltige Daseinsvorsorge zu sichern, nachhaltiges Wirtschaftswachstum und Innovation sind zu unterstützen, Entwicklungspotenziale sind zu sichern und Ressourcen nachhaltig zu schützen. Diese Aufgaben sind gleichermaßen in Ballungsräumen wie in ländlichen Räumen, in strukturschwachen wie in strukturstarken Regionen zu erfüllen."* (BRD 2008)

Paragraph 2 Absatz 2 der Grundsätze der deutschen Raumordnung beinhaltet bereits wichtige Prinzipien und Ziele einer endogenen Raumentwicklung. Neben der Formulierung von landesweit gleichwertigen Lebensverhältnissen, sollen ein nachhaltiges Wirtschaftswachstum und Innovationen gefördert, sowie die regionalen Entwicklungspotentiale gesichert werden.

Nach einem kurzen geschichtlichen Abriss der vergangenen Jahrzehnte der deutschen Regionalpolitik, wird genauer auf die Idee der endogenen Raumentwicklung und den wichtigsten Prinzipien Ihrer Ausgestaltung eingegangen. Im Mittelpunkt steht dabei stets die Erhöhung der regionalen Eigenständigkeit auf politischer, sozialer und wirtschaftlicher Ebene.

2.1 ZEITLICHE UND INHALTLICHE ABGRENZUNG DES ENDOGENEN ENTWICKLUNGSKONZEPTES

Die Schaffung eines regionalen Ausgleichs war nicht immer das Ziel der deutschen Raumpolitik. Nach dem Zweiten Weltkrieg war sie zunächst wachstumsorientiert, denn es stand der infrastrukturelle Wiederaufbau des Landes im Vordergrund. Primäre Ziele waren der Ausbau des Verkehrswesens sowie die Abdeckung des Energiebedarfs der wachsenden Bevölkerung (siehe Abb.1: 1. Phase). Darauf aufbauend wurde ab Mitte der 1960er Jahre aktiv Industrieförderung (2. Phase) betrieben (vgl. HEINTEL 1994: 9), um sich nach dem Krieg erneut auf dem Weltmarkt positionieren und etablieren zu können.

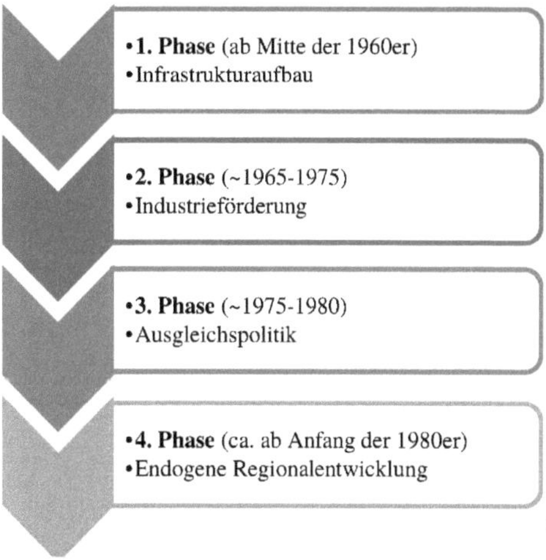

In den späten 1970er Jahren sah man die Lösung des Disparitätenausgleichs in der Verschiebung der Produktionsfaktoren von den hochentwickelten zu den strukturschwachen Räumen des Landes (vgl. Abb.1: 3. Phase). Aufgrund der Immobilität der Faktoren Arbeit und Boden ging es in der deutschen Ausgleichspolitik primär um die Umverteilung von Kapital (vgl. TOWARA 1986: 50ff). Dieses exogene Modell erhoffte sich durch den Einsatz von monetären Mitteln sowie der entsprechenden Infrastrukturerschließung sogenannte „spill-over“ Effekte, die von den Zentren auf die peripheren und schwachen Regionen herunter sickern sollten (vgl. HEINTEL 1994: 18). Diese „mobilitätsorientierte“ Strategie fand unter anderem im neoklassischen Ansatz, dem keynesianischen Ansatz und dem Wachstumspol-Ansatz Anklang. Während in der neoklassischen Theorie die Regionalpolitik keine bedeutende Rolle einnimmt sondern der Marktmechanismus die regionale Entwicklung bestimmt, misst die keynesianische Theorie sowie später die Polarisationstheorie dem Staat eine wichtigere Rolle bei. Durch sein Eingreifen sollen periphere Räume durch Infrastrukturausbau, Technologietransfer und Unternehmensansiedelungen entwickelt werden. Insbesondere der Polarisationsansatz setzte sich in der Regionalpolitik vieler europäischer Länder ab den 1960er und 70er Jahren durch. Auch in Deutschland sah man aufgrund der dichten Besiedelung die Lösung für schwach entwickelte Gebiete oft in einer guten Anbindung an die Agglomerationszentren mit dem Ziel, den städtischen Arbeitsmarkt möglichst weit auszudehnen (vgl. MAIER u. TÖDTLING 1996: 179ff).

Zahlreiche Entwicklungen ließen jedoch schon bald an dem „Gießkannenprinzip“ der Fördermittelverteilung zweifeln. Denn vor dem Hintergrund des Wandels der internationalen Arbeitsteilung bekamen auch die wirtschaftlichen Zentren des Landes den zunehmenden Wettbewerbsdruck zu spüren und hatten plötzlich selbst mit hohen Arbeitslosenquoten und einem sinkenden Bruttoinlandsprodukt zu kämpfen. Aufgrund dieser neuen Entwicklungen blieb weniger Spielraum für die Diffusion exogener Impulse und das bisherige Entwicklungskonzept geriet verstärkt in die Kritik (vgl. HAHNE 1985: 29ff).

Insbesondere bei der Ansiedelungsstrategie wurden Schwachstellen deutlich, da man feststellen musste, dass die neuangesiedelten Firmen oft nur geringe Verflechtungen und Multiplikatoreffekte in den peripheren Räumen bewirkten. Zudem hatten diese Betriebe in der Regel eine geringe Persistenz und die Arbeitsplätze, die sich meist durch niedrige Qualifikationsanforderungen auszeichneten, eine hohe Konjunkturanfälligkeit (vgl. MAIER u. TÖDTLING 1996: 184).

Dezentrale Teilstrategien für die einzelnen Regionen rückten in den Fokus der regionalen Entwicklungsdiskussionen (vgl. HAHNE 1985: 29ff), was Anfang der 1980er Jahre zu einem Paradigmenwechsel in der deutschen Raumordnung führte. Insbesondere durch die Beiträge von Paul Romer entstand eine neue Entwicklungstheorie des endogenen Wachstums (vgl. Abb.1: 4. Phase). Bei dieser Strategie standen nun nicht mehr monetäre Kapitalgüter im Fokus des Entwicklungsprozesses, sondern man setzte auf die Bedeutung von Forschung und Entwicklung, da die Investition in Wissen nachhaltigere und langfristigere Wirkungen hat als die in Realkapital (vgl. BRÖCKER 2012: 174f). Parallel dazu gewannen Aspekte wie Lebensqualität und ökologische Nachhaltigkeit stärker an Bedeutung. Bestärkt und unterstützt wurde das neue Paradigma auch durch die 1992 auf der UNCED-Konferenz in Rio de Janeiro verabschiedete Agenda 21. Dort wurden wichtige Handlungsempfehlungen und Strategien für alle Staaten festgelegt, um eine nachhaltige Entwicklung zu erreichen. Seitdem ist das Prinzip der Nachhaltigkeit auch in der deutschen Regionalpolitik verankert (vgl. NIEHOFF 2008: 51ff).

Mit dem Einzug der endogenen Entwicklung in die deutsche Raumpolitik wird seither versucht entwicklungsschwache Gebiete aufzuwerten, in dem man auf bisher noch nicht genutzte aber in der Region vorhandene Potentiale und Ressourcen zurückgreift (vgl. HEINTEL 1994: 9). Die Nutzung und Weiterentwicklung dieser Potentiale soll dabei sektorenübergreifend erfolgen, was bedeutet dass vor allem die in der Region ansässigen und oft vernachlässigten Wirtschaftszweige wie die

Landwirtschaft oder das Kleingewerbe in das neue Entwicklungskonzept mit eingebunden werden. Von den dadurch entstehenden Synergie-Effekten kann die Region profitieren (vgl. MAIER u. TÖDTLING 1996: 186f).

Die folgende Gegenüberstellung (siehe Abb. 2) soll zusammenfassend den Unterschied zwischen exogenen (mobilitätsorientierten) und endogenen (eigenständigen) Strategien der Raumentwicklung verdeutlichen:

Endogene Entwicklungsstrategien	**Exogene Entwicklungsstrategien**
Modernisierung bestehender Unternehmen	Ansiedlungsförderung
Entwicklung regionaler Ressourcen (Unternehmertum, Wissen)	Anziehung außerregionaler Ressourcen (Kapital, Technologie)
Sektorenübergreifend	Konzentration auf den Industriesektor
Einbeziehung von Umweltprojekten	-
Innerregionale Verkehrserschließung	Interregionale Verkehrserschließung
Konkurrenzfähigkeit durch Produktqualität und Innovation	Konkurrenzfähigkeit durch kapitalintensive, moderne Verfahren und niedrige Arbeitskosten
Breite Beteiligung regionaler Interessengruppen	Unternehmens zentriert

Abbildung 2: Endogene versus Exogene Entwicklungsstrategie (MAIER u. TÖDTLING 1996: 186)

2.2 PRINZIPIEN DER ENDOGENEN ENTWICKLUNG

> *"And here we are at the heart of Local Economic Development: It starts when people realize that neither the state nor the market economy serve their needs or solve their problems, and if they are unwilling or unable to leave their homes."* (BIRKHÖLZER 2009)

Anders als bei der externen Raumentwicklung, wo die Entwicklung von Märkten oder staatlichen Eingriffen dominiert wird, setzt die endogene Raumentwicklung auf das regional vorhandene Potential der eigenen Bevölkerung. Ulf Hahne, der das Entwicklungskonzept in Deutschland verstärkt bekannt gemacht hat, bezeichnet das endogene Potential als die Gesamtheit aller Entwicklungsmöglichkeiten die räumlich und zeitlich eingegrenzt werden. Es beschreibt somit die Obergrenze der möglichen wirtschaftlichen oder sozialen Aktivitäten einer Region ohne den Einfluss von exogenen Impulsen (vgl. HAHNE 1985: 52)

Verschiedene Begriffe können weitestgehend synonym zum Begriff der endogenen Entwicklung gesetzt werden: autozentrierte Entwicklung, Entwicklung von unten, Entwicklung von innen, ökologische Regionalentwicklung, sowie Regionalisierung der Regionalpolitik (vgl. HAHNE 1985: 35). Bei dieser Art der Entwicklung geht es um die Forderung nach einem politischen, sozialen, wirtschaftlichen und kulturellen Entwicklungsweg, der eine starke Selbststeuerungsfähigkeit und eine möglichst geringe Außenabhängigkeit aufweist (vgl. HEINTEL 1998: 51). Wie bereits erwähnt geht es bei Entwicklung nicht nur Wirtschaftswachstum, sondern sie ist „primär als Beschreibung von Veränderungen jeglicher Art zu verstehen." (NIEDERMEYER 2000) Also sowohl in ökonomischer als auch in ökologischer und sozialer Hinsicht. Da die verschiedenen peripheren Räume auch unterschiedliche Charakteristika aufweisen, gibt es kein universell anwendbares Entwicklungskonzept. Allerdings werden bei der endogenen Entwicklungsstrategie immer wieder bestimmte Merkmale und Prinzipien sichtbar, auf die im Folgenden eingegangen wird.

2.2.1 Identifikation und Aufwertung innerräumlicher Potentiale

Zunächst steht die räumliche Perspektive im Vordergrund der Betrachtung. Denn endogene Raumentwicklungsstrategien zielen auf die Eigenheiten des Raumes ab und suchen nach dem Entwicklungspotential seiner innerräumlichen Faktoren. Das bedeutet dass davon ausgegangen wird, dass nichtausgelastete oder brachliegende regionale Potentiale in der Region vorhanden sind. Entscheidend für die Aktivierung dieser Potentiale sind die aktive Beteiligung der ansässigen Bevölkerung sowie die Einbeziehung regionaler Besonderheiten (vgl. HAHNE 1985: 35). Niedermeyer bezeichnet Potential als „die Möglichkeit, vorhandene Faktoren nach bestimmten Zielvorstellungen in wertzusetzen." (NIEDERMEYER 2000: 54)

Um das vorhandene Potential einer Region besser zu identifizieren und katalogisieren wird es in verschiedene Teilpotentiale zerlegt. Niedermeyer bietet eine weitreichende Übersicht, indem er die verschiedenen Teilpotentiale zu Kategorien zusammenfügt, wie die nachfolgende Darstellung deutlich macht (siehe Abb. 3):

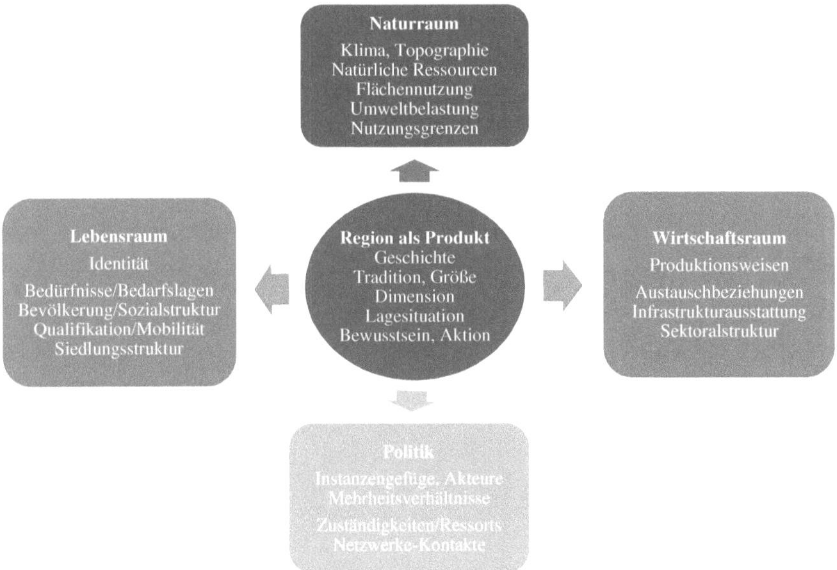

Abbildung 3: Das Potentialgefüge der Regionen (NIEDERMEYER 2000: 57)

Neben der politischen und wirtschaftlichen Ebene, spielen in seiner Unterteilung auch weiche Faktoren wie die regionale Identität, die den Raum zu einem Lebensraum machen, eine Rolle. Die Region mit ihren Merkmalen bildet das Zentrum aus dem endogene Impulse für Veränderungen kommen. Sie wird außerdem als Multifunktionsraum verstanden, denn sie ist Lebensraum, Identifikationsraum, politischer Entscheidungsraum, Wirtschafts- und Naturraum zugleich (vgl. NIEDERMEYER 2000: 57).

Ein wichtiger Schritt für einen Disparitäten-Ausgleich mithilfe endogener Entwicklungsstrategien ist daher die Identifikation und entsprechende Aufwertung dieser regional vorhandenen Potentiale. Schätzl formuliert drei Schritte um diese zu aktivieren und damit eine endogene Entwicklung in Gang zu setzen. Da Potentialfaktoren in der Regel unterschiedlich knapp sind, müssen zunächst bestehende Engpässe identifiziert und dann durch entsprechende Investitionen überwunden werden. In einem zweiten Schritt muss die Region versuchen ihre Standortvorteile, die sie gegenüber anderen Regionen hat, auszubauen und sich in diese Richtung zu spezialisieren. Ehe in einem dritten Schritt intraregionale Verflechtungen und Vernetzungen verschiedener wirtschaftlicher, aber auch soziokultureller Aktivitäten aufgebaut werden müssen. Diese zielen auf eine Integration von Produktion und Konsum ab, die von der lokalen Bevölkerung gesteuert wird (vgl. SCHÄTZL 2008: 149f).

Es ist wichtig diese Vernetzung von Aktivitäten zu beachten, da das Entwicklungspotential durch die Nachfrage bestimmt wird und somit sein Bedarf nicht statisch sondern entsprechend den wirtschaftlichen und sozialen Rahmenbedingungen gewissen Schwankungen ausgeliefert ist. So ist beispielsweise eine gute Verkehrsanbindung nicht für alle Wirtschaftsbranchen wichtig und eine gute Qualität des Verkehrssystems kann sich durch die Entwicklung neuer Produktionssysteme schnell ändern (vgl. NIEDERMEYER 2000: 54). Da nicht allein die vorhandenen Ressourcen sondern auch gesellschaftliche Umstände Einflussfaktoren für die endogenen Aktivitäten sind, ist das Entwicklungspotential daher kaum mehr quantifizierbar (vgl. HAHNE 1985: 61).

2.2.2 Innovations- und Netzwerkkompetenz

> *"The big advances have always come from better recipes, not just more cooking."* (ROMER 1993: 9)

Paul Romer, ein bedeutender Ökonom und früher Vertreter der endogenen Wachstumsidee, macht in seinem Zitat deutlich, dass nicht der Mehreinsatz von Ressourcen sondern vorwiegend die Andersverwendung zu mehr Wachstum und Wohlstand führt. Innovation bedeutet genau das und ist daher ein wesentlicher Motor für wirtschaftliche Entwicklung (vgl. BRÖCKER 2012: 177). Ab den 1980er Jahren erfuhr die Regionalpolitik in den meisten Industrieländern eine stärkere Orientierung zu Innovation und Technologie. Anders als in der Neoklassik, wurde technischer Fortschritt nun nichtmehr als exogen vorgegeben angesehen, sondern als interner Faktor, der durch den Einsatz von Ressourcen innerhalb des Wirtschaftsprozesses entsteht (vgl. BATHELT u. GLÜCKLER 2012: 319). Im Zuge der Globalisierung veränderte sich die internationale Arbeitsteilung, Konkurrenz wurde international und Produktlebenszyklen aufgrund neuer Technologien verkürzt (vgl. MAIER u. TÖDTLING 1996: 188). Wie auch bereits in Kapitel 2.1 angedeutet, spielt Forschung & Entwicklung eine immer wichtigere Rolle für ein langfristiges, wirtschaftliches Wachstum. Auch Hahne argumentiert, dass aus ökonomischer Sicht die innovationsorientierte Regionalpolitik einen zentralen Bestandteil endogener Entwicklungsstrategien darstellt (vgl. HAHNE 1985: 43f).

Aufgrund der zunehmenden Spezialisierung spielt ein gutes Zusammenspiel privater und öffentlicher Akteure eine entscheidende Rolle für den Innovationsprozess (vgl. MAIER u. TÖDTLING 1996: 188). Die dadurch entstehenden Netzwerke und Kooperationen sind ein weiterer entscheidender Faktor für die Umsetzung einer erfolgreichen endogenen Raumpolitik. Der Zusammenschluss verschiedener Akteure und Disziplinen sollte dabei über die sektoralen Interessen hinausgehen um die Entwicklungen vor dem Hintergrund gemeinsamer Ziele voranzubringen (vgl. BÖCHER 2009: 128f). Heute stehen nicht mehr isoliert betrachtete Wirtschaftsakteure sondern die Beziehungen zwischen diesen im Mittelpunkt. Netzwerkbildung in Form von Clustern oder regionalen Innovationssystemen werden künftig immer bedeutender um dem globalen Wettbewerbsdruck standzuhalten. Regionen gewinnen dadurch an Bedeutung und diejenigen, die die Entwicklung von Kooperations- und Netzwerkbeziehungen fördern, werden zu den Gewinnern der Globalisierung zählen (vgl. SCHEER 2008: 2).

Doch nicht nur die Etablierung regionsinterner Netzwerke sollte gefördert werden, sondern auch entsprechende Kooperationen zu den wirtschaftlichen Kernzentren. Dabei sind die Wachstumsräume wie große Metropolregionen zentrale Verantwortliche bei der Etablierung oder Weiterentwicklung von entsprechenden Kooperationen mit den peripheren Räumen. Durch Netzwerke und Partnerschaften sollen gegenseitige Abhängigkeiten geschaffen werden, von denen sowohl die Wachstums- als auch die Stabilisierungsräume profitieren (vgl. BMVI 2006: 12).

2.2.3 Dezentralisierung und Partizipation

Wichtig für eine erfolgreiche eigenständige Entwicklung der Region ist auch ihre institutionelle Einbettung. Mit der Agenda 21 erlangte neben dem Nachhaltigkeitsgedanken auch diese Thematik verstärkt Aufmerksamkeit. Mit Ihrem Leitspruch "think globally, act locally" rückte zunächst die Kommune, dann die Region stärker ins Blickfeld der Planung und Politik. Durch die EU und die Dezentralisierungspolitik der Bundesländer wird die Region aufgewertet und ist in besonderem Maße für eine nachhaltige Entwicklung im Sinne eines bottom-up Prozesses geeignet (vgl. NIEHOFF 2008: 59f). Nicht zuletzt deshalb, weil viele Problemfelder regional gelöst werden müssen, sind entsprechende Entscheidungskompetenzen der regionalen politischen Gremien unerlässlich für eine erfolgreiche eigenständige Entwicklung. Sträter formuliert es als ein Grundprinzip der endogenen Raumentwicklung, dass Handlungs- und Entscheidungskompetenzen mit den entsprechenden finanziellen Mitteln auf die lokale bzw. regionale Ebene abgegeben werden um weitestgehend eigenständige Lösungen herbeizuführen:

> *„Der Gedanke einer regional eigenständigen, von eigenen Kräften getragenen Raumentwicklung, einer Strategie »von unten«, fällt auch insofern auf fruchtbaren Boden, als er sich einpasst in vielfältig vorhandene starke politische und soziale Strömungen, die [...] für eine Dezentralisierung von Einrichtungen und Entscheidungen und für eine Demokratisierung der Gesellschaft eintreten: für eine Kleinteiligkeit und Überschaubarkeit von Arbeits- und Lebensbedingungen, für lokale und regionale Selbstbestimmung und nicht Fremdbestimmung.“ (STRÄTER 1984: 7)*

Obwohl zur Stärkung der endogenen Potentiale ein politischer Wandel zu mehr Dezentralisierung erforderlich ist, betont er gleichzeitig, dass sich Bund und Länder nach wie vor nicht ihren Verantwortlichkeiten in der Raumordnung und Landesplanung entziehen und die strukturschwachen Regionen komplett eigenverantwortlich ihrem Zustand belassen dürfen (vgl. STRÄTER 1984: 8).

Daher sind es nicht selten auch staatliche Träger auf nationaler oder sogar europäischer Ebene (wie beispielsweise das EU-Förderprogramm ländlicher Räume „LEADER+"), die lokale und regionale Entwicklungen anstoßen. Dies ist soweit akzeptabel und auch förderlich, solang sie die regionalen und lokalen Charakteristika anerkennen (vgl. BOHNE u. KOCHMANN 2008: 17).

Neben lokalen Unternehmern und politischen Entscheidungsträgern rückt auch die Bevölkerung als entscheidender Akteur in den Mittelpunkt der endogenen Regionalentwicklung (vgl. SCHEER 2008: 1). Durch eine partizipative Raumentwicklung, bei der die ansässige Bevölkerung aktiviert und mit in die Planungen einbezogen wird, wachsen das regionale Bewusstsein und die Identität. Eine erfolgreiche Regionalentwicklung kann nur dann gelingen wenn alle Akteure aktiv an der Umsetzung der Entwicklungsziele beteiligt sind. Die Identifikation mit dem Raum spielt eine entscheidende Rolle um kollektive Interessen über die individuellen zu stellen und an einer gemeinsamen Problemlösung zu arbeiten (vgl. BÖCHER 2009: 128ff).

Abgesehen von der sozialen Funktion des Raumes als Identifikationsraum, nimmt die lokale Bevölkerung auch für die wirtschaftliche Raumdimension eine wichtige Bedeutung ein. Neben dem Produktionsfaktor Humankapital, den die arbeitende Bevölkerung darstellt, ist sie auch die Basis für immobile Ressourcen, die laut Bryden eine zunehmend wichtigere Rolle bei der Wettbewerbsfähigkeit ländlicher, peripherer Räume spielen. Es werden vier Typen von immobilen Ressourcen unterschieden: soziales, kulturelles und Umweltpotential, sowie das lokal vorhandene Wissen. Eine angepasste Kombination zwischen diesen und den materiellen Ressourcen bestimmt laut Brydens Theorie die wirtschaftliche Entwicklung des ländlichen Raumes. Hintergrund für diese Annahme ist, dass in Zeiten der Globalisierung die mobilen Faktoren eine unsichere Basis für die ländliche Entwicklung darstellen (vgl. TERLUIN 2003: 332, zit. nach BRYDEN 1998).

2.3 Endogene Raumentwicklung mit Tourismus

Eine besondere Relevanz hat die Idee der endogenen Entwicklung in den unterentwickelten Ländern unseres Planeten. Die zunehmende Diskrepanz zwischen einer verhältnismäßig kleinen, wohlhabenden Oberschicht und der wachsenden Armut eines Großteils der Bevölkerung bestimmt nach wie vor die Situation in vielen Ländern des globalen Südens. Neben verschiedenen Entwicklungsmöglichkeiten im primären, sekundären oder tertiären Sektor kommt insbesondere dem Tourismus eine große regionalpolitische Bedeutung zu.

Vorlaufer argumentiert, das gerade peripher gelegene Räume für Reisende interessant sind, da sie dort noch eine ökologisch intakte Natur vorfinden können. Diese Räume sind für andere Branchen nicht nur wegen ihrer Lage sondern auch aufgrund ihrer fehlenden, nutzbaren Ressourcen benachteiligt. Durch seinen raumgebundenen Konsum und der engen Verflechtung zu anderen Wirtschaftszweigen, scheint der Tourismus dort geradezu prädestiniert für die Verwirklichung einer eigenständigen Regionalentwicklung (vgl. VORLAUFER 1996: 172). Zudem verfügen ländliche Gebiete oft über viele weiche Standortfaktoren wie Gastfreundschaft oder kulturelle Traditionen, die sie für eine touristische Entwicklung besonders attraktiv machen (vgl. ZACHER 2016). Somit bilden vorwiegend die naturräumlichen und soziokulturellen Ressourcen die entscheidenden Potentialfaktoren für die Verwirklichung einer endogenen Entwicklung.

Doch der Tourismus birgt auch Schattenseiten wenn es um seine Ausgestaltung in Entwicklungsländern geht. Denn nicht selten leidet die einheimische Wirtschaft unter der zunehmenden Monostrukturierung durch den Fremdenverkehr. Durch vermeintlich attraktivere Arbeitsbedingungen kann es zu einer Verdrängung der Agrarwirtschaft kommen, die mit dem Verlust von Arbeitsplätzen und einer Verringerung der Selbstversorger-Quote verbunden ist. Dadurch steigt die Abhängigkeit von teuren Lebensmittelimporten, die sich ein Großteil der Bevölkerung oft nicht leisten kann (vgl. SCHMUDE u. NAMBERGER 2010: 96). Daher ist es wichtig, dass die Tourismusbranche keine anderen Sektoren (wie die Landwirtschaft) ersetzen darf, sondern die bereits vorhandenen Wirtschaftsaktivitäten mit einbindet. Unterstützt wird dieser sektorenübergreifende, holistische Ansatz der Regionalentwicklung durch die Schaffung von Netzwerken, die lokale Wirtschaftsaktivitäten mit integrieren sollen (vgl. ZACHER 2016).

Um mit dem Tourismus einen langfristigen, nachhaltigen Wirtschaftssektor und Arbeitgeber zu etablieren, muss auch die ansässige Bevölkerung an seiner Gestaltung mitwirken. Der sogenannte

Community Based Tourism[2] (CBT) basiert auf genau dieser Idee der lokalen Partizipation und wird als eine Art von Tourismus definiert: *"where the local community has substantial control over, and involvement in, its development and management, and a major proportion of the benefits remain within the community."* (DENMAN 2001: 2)

Die Idee von CBT ist besonders bei Fernreisen sinnvoll, wo die soziokulturelle Distanz zwischen dem Reisenden und dem Bereisten besonders groß ist. Primäres Ziel ist die die Partizipation der Bevölkerung am Tourismus, denn grundsätzlich gilt je aktiver die Bevölkerung am Tourismus teilnimmt desto tendenziell positiver gestaltet sich seine soziokulturelle Wirkung (vgl. SCHMUDE u. NAMBERGER 2010: 106f).

3 Fazit

Neben den lokal vorhandenen Potentialen spielt auch die sektorenübergreifende Wirtschafts- und Netzwerkförderung sowie die Partizipation der Bevölkerung eine wichtige Rolle für eine nachhaltige Tourismusgestaltung. Das Konzept der endogenen Raumentwicklung ist daher sowohl für verschiedene Regionen als auch für verschiedene Wirtschaftssektoren relevant und eine langfristige Form der regionalen Entwicklung.

Allerdings wird das Entwicklungskonzept häufig aufgrund seines fehlenden maßstäblichen Bezuges bemängelt. Zudem ist es in den Augen vieler Kritiker ein idealistisches Konzept mit fehlender Möglichkeit zur empirischen Umsetzung (vgl. STREIFFELER 1997: 294f). Praktische Umsetzungsprobleme wurden deutlich, da in vielen benachteiligten, peripheren Regionen das endogene Potential an Betrieben und Qualifikationen schlichtweg zu gering ist, um eine nennenswerte Entwicklung anzustoßen. Somit bleibt die quantitative Wirkung in vielen Fällen relativ bescheiden (vgl. MAIER u. TÖDTLING 1996: 187f). Wie auch die verschiedenen Prinzipien gezeigt haben sollte man sich bei der räumlichen Entwicklung nicht ausschließlich auf die endogenen Kompetenzen festlegen, sondern auch ein gewisses Maß an externer Hilfe zulassen. Auch wenn diese Beziehungen und Abhängigkeiten oft Ursache für die Unterentwicklung sind, so sollte es nicht zu einer kompletten Abkopplung kommen. Ziel ist vielmehr die Verbesserung der Strukturmuster um einen Konsens zwischen Peripherie und Zentrum herzustellen (vgl. HEINTEL 1994: 20f).

---

[2] Zu Deutsch: gemeindebasierter Tourismus

Denn um von der Globalisierung und der Einbindung in globale Netzwerke profitieren zu können, spielen auch Außenbeziehungen eine wichtige Rolle. Ein gemischt exogen-endogener Ansatz, der sowohl die Einbindung in lokale Netzwerke als auch in externe Netzwerke vorsieht ist wichtig um sich im globalisierten Wettbewerb zu etablieren (vgl. TERLUIN 2003: 333). Dasselbe gilt auch für den Tourismussektor und den vorgestellten gemeindebasierten Tourismus. Wenn eine Region in größerem Ausmaß Gäste empfangen und Wertschöpfung aus dem Tourismus ziehen möchte, muss sie in den meisten Fällen zwangsläufig auch externe Hotelinvestoren in die Region integrieren. Eine Beherbergungsindustrie, die lediglich auf Privatzimmervermietungen basiert, würde bald mit Logistik- und Kapazitätsengpässen zu kämpfen haben. Zudem sind diese peripheren Regionen auch häufig auf das entsprechende Know-How der externen Investoren angewiesen.

Trotz dieser konzeptionellen Defizite bietet die Strategie der endogenen Entwicklung denjenigen Regionen eine Chance die Lebens- und Arbeitsbedingungen ihrer Bevölkerung zu verbessern, denen meist nur geringe Entwicklungsmöglichkeiten eingeräumt wurden (vgl. STRÄTER 1984: 14).

III Literaturverzeichnis

BATHELT, Harald. u. Johannes Glückler (2012): Wirtschaftsgeographie. Ökonomische Beziehungen in räumlicher Perspektive. (Ulmer) Stuttgart.

BIRKHÖLZER, Karl. (2009): The role of social enterprise in local economic development. Abrufbar unter: http://euricse.eu/sites/default/files/db_uploads/documents/1254754553_n170.pdf (letzter Abruf: 26.11.2016).

BMVI (2006): Leitbilder und Handlungsstrategien für die Raumentwicklung in Deutschland. 30.06.2006. Abrufbar unter: https://www.bmvi.de/SharedDocs/DE/Anlage/Raumentwicklung/leitbilder-und-handlungsstrategien-30-06-2006.pdf?__blob=publicationFile (letzter Abruf: 15.11.2016).

BÖCHER, Michael. (2009): Faktoren für den Erfolg einer nachhaltigen und integrierten ländlichen Regionalentwicklung. In: FRIEDEL, R. u. Edmund A. Spindler. Nachhaltige Entwicklung ländlicher Räume: Chancenverbesserung durch Innovation und Traditionspflege. (VS Verlag für Sozialwissenschaften / GWV Fachverlage GmbH Wiesbaden) Wiesbaden. 127–138.

BOHNE, Andreas. u. Linda Kochmann (2008): Ökonomische Umweltbewertung und endogene Entwicklung peripherer Regionen – Synthese einer Methodik und einer Theorie. Leipzig.

BRD (2008): Raumordnungsgesetz der Bundesrepublik Deutschland. Abrufbar unter: https://dejure.org/gesetze/ROG (letzter Abruf: 24.01.2017).

BRÖCKER, Johannes. (Hrsg.) (2012): Ökonomische Geographie. (Vahlen) München.

DENMAN, Richard. (2001): Guidelines for community-based ecotourism development. Abrufbar unter: http://www.widecast.org/Resources/Docs/WWF_2001_Community_Based_Ecotourism_Develop.pdf (letzter Abruf: 24.01.2017).

HAHNE, Ulf. (1985): Regionalentwicklung durch Aktivierung intraregionaler Potentiale. (Florentz) München.

HEINTEL, Martin. (1994): Endogene Regionalentwicklung. Eine wirtschaftspolitische Alternative - unter Berücksichtigung didaktischer Fragestellungen - für struktur- und entwicklungsschwache Regionen? (Arbeitskreis für Regionalforschung) Wien.

HEINTEL, Martin. (1998): Einmal Peripherie - immer Peripherie? Szenarien regionaler Entwicklung anhand ausgewählter Fallbeispiele. Abhandlungen zur Geographie und Regionalforschung 5. (Institut für Geographie) Wien.

MAIER, Gunther. u. Franz Tödtling (1996): Regional- und Stadtökonomik 2. Regionalentwicklung und Regionalpolitik. (Springer-Verlag) Wien, New York.

MAYER, Marius., METZLER, Katja. u. Hubert Job (2008): Das LEADER+ Programm als Motor einer endogenen Regionalentwicklung - Oberallgäu und Vorarlberg im Vergleich. In: MAIER, J. Ziele und Strategien einer aktuellen Politik für periphere ländliche Räume in Bayern. Arbeitsmaterial der ARL. 343. (Verl. der ARL) Hannover. 142–163.

NEUMAIR, Simon-Martin. u. Hans-Dieter Haas (2015): Wirtschaftsgeographie. (Wissenschaftliche Buchgesellschaft (WBG)) Darmstadt.

NIEDERMEYER, Martin. (2000): Regulationsweisen der Kleinstadtentwicklung. In: NIEDERMEYER, M. Kleinstadtentwicklung. (Geographisches Institut der Universität Würzburg) Würzburg. 47–317.

NIEHOFF, Peter. (2008): Die Schaalseeregion –Nachhaltiger Tourismus im ländlichen Raum als Regionalentwicklung integriert in einen regionalen Agenda-Prozess. Bochum.

ROMER, Paul. (1993): New goods, old theory, and the welfare costs of trade restrictions. Working paper/National Bureau of Economic Research 4452. Cambridge.

SCHÄTZL, Ludwig. (2008): Wirtschaftsgeographie. (Schöningh) Paderborn.

SCHEER, Günter. (2008): Regionalentwicklung und Netzwerke. In: BAUER-WOLF, S., PAYER, H. u. Günter Scheer. Erfolgreich durch Netzwerkkompetenz: Handbuch für Regionalentwicklung. (Springer-Verlag) Wien. 1–5.

SCHMUDE, Jürgen. u. Philipp Namberger (2010): Tourismusgeographie. Geowissen kompakt. (WBG) Darmstadt.

STRÄTER, Detlev. (1984): Disparitätenförderung durch großräumige Vorrangfunktion oder Disparitätenausgleich durch endogene Entwicklungsstrategien? In: Raumforschung und Raumordnung 42 H. 4/5. S. 238–246.

STREIFFELER, Friedhelm. (1997): Endogene Entwicklung. In: SCHULZ, M. Entwicklung: Die Perspektive der Entwicklungssoziologie. (VS Verlag für Sozialwissenschaften) Wiesbaden. 291–313.

TERLUIN, Ida. (2003): Differences in economic development in rural regions of advanced countries. An overview and critical analysis of theories. Abrufbar unter: http://www.sciencedirect.com/science/article/pii/S0743016702000712 (letzter Abruf: 22.12.2016).

TOWARA, Michael. (1986): Regionale Wirtschaftsstruktur und endogen orientierte Regionalpolitik. (Wissenschaftlicher Fachverlag) Gießen.

VORLAUFER, Karl. (1996): Tourismus in Entwicklungsländern. (Wissenschaftlicher Buchgesellschaft) Darmstadt.

ZACHER, Daniel. (2016): Vortrag über die großen Exkursionen des Lehrstuhls Tourismus. Großer Sitzungsaal, Landratsamt Eichstätt.